RÉSUMÉ D'UN MÉMOIRE

SUR LA DÉCOUVERTE

L'ORIGINE ET LA VULGARISATION EN EUROPE

DES

PROPRIÉTÉS DU GUANO

TANT POUR L'AGRICULTURE QUE POUR LES ARTS INDUSTRIELS

PAR

ALEXANDRE COCHET

PARIS

IMPRIMERIE DE ÉDOUARD BLOT

RUE SAINT-LOUIS, 46

1861

A SON EXCELLENCE

M. LE MINISTRE DES AFFAIRES ÉTRANGÈRES

Paris, le 28 août 1861.

Monsieur le Ministre,

J'ai eu l'honneur de vous adresser, il y a quelque temps, une lettre au sujet de la décision que la commission mixte internationale, chargée de statuer sur les réclamations des sujets français contre le gouvernement péruvien, pouvait rendre dans l'affaire qui me concerne.

J'ai l'honneur aujourd'hui de vous adresser le Mémoire ci-joint, qui comprend l'histoire des découvertes que j'ai faites et des services que j'ai été assez heureux pour rendre soit au Pérou soit à l'Europe. Vous y trouverez, Monsieur le Ministre, le récit des récompenses qu'on m'a promises, et dont il a été impossible jusqu'à présent d'obtenir le payement, ainsi que l'exposé des motifs pour lesquels je crois devoir critiquer la composition et la compétence de la commission mixte telle qu'elle est actuellement constituée.

J'ose espérer que la lecture de ce document aura sur votre esprit une influence favorable à celui qui se dit,

Monsieur le Ministre,
avec le plus profond respect,
de Votre Excellence,
le très-humble et très-obéissant serviteur,

ALEXANDRE COCHET.

1861

RÉSUMÉ D'UN MÉMOIRE

SUR LA DECOUVERTE
L'ORIGINE ET LA VULGARISATION EN EUROPE

DES

PROPRIÉTÉS DU GUANO

TANT POUR L'AGRICULTURE QUE POUR LES ARTS INDUSTRIELS

PAR

ALEXANDRE COCHET

I

Le Guano est une substance qui se rencontre sur les îles de la côte occidentale de l'Amérique du Sud, ainsi que sur certaines plages du continent, entre les 13ᵉ et 14° degrés de latitude sud; on le trouve surtout en quantité, considérable sur les îles Chincha, près de Pisco.

Du temps des Incas, on s'en servait au Pérou comme d'un engrais puissant, et depuis on a continué à l'y utiliser. C'est à lui que l'agriculture du Pérou, quoique bien dégénérée, doit son existence; mais, jusqu'en 1842, on était bien loin de l'appliquer avec méthode et de lui faire produire tous les avantages qu'on en a retirés depuis; on n'avait pas non plus réussi à s'en servir pour l'agriculture européenne, faute d'en bien connaître l'origine et les propriétés.

En effet, les savants s'en étaient occupés, et par des analyses exactes en avaient déterminé la composition; mais les hommes pratiques l'avaient négligé, et, à défaut d'expériences assez suivies, l'avaient considéré comme plus nuisible qu'utile aux semences, que sa trop grande activité devait brûler.

On n'était même pas d'accord sur son origine véritable, et quoique l'Inca Garcilaso de la Vega eût, en 1523, signalé les amas de Guano qui forment de véritables collines sur les îles voisines de la côte, comme les dépôts accumulés de la fiente des oiseaux de mer ; quoiqu'il eût rapporté le soin avec lequel le gouvernement des Incas, avant l'arrivée des Espagnols, protégeait ces oiseaux, cependant plusieurs auteurs y voyaient un produit minéral. Humboldt lui-même s'exprimait ainsi en envoyant des échantillons à analyser à Fourcroy et Vauquelin :

« Le Guano forme des couches de 17 à 20 mètres d'épaisseur, que l'on travaille comme des mines de fer ocreux. Ces mêmes îlots sont habités par une multitude d'oiseaux, surtout d'ardea, de phénicoptères, qui s'y retirent la nuit ; mais leurs excréments n'ont pu y former, depuis trois siècles, que des couches de 9 à 11 millimètres d'épaisseur. Le Guano serait-il donc un produit des bouleversements du globe, comme les charbons de terre et les bois fossiles ? »

L'analyse à laquelle Fourcroy et Vauquelin avaient procédé, avait indiqué, dans les échantillons que Humboldt leur avait envoyé, la présence, sur 100 parties, de :

25 d'urate d'ammoniaque et de chaux ;

16 d'oxalate d'ammoniaque et de potasse ;

26 de phosphate, de sulfate et muriate d'ammoniaque et de potasse.

Mais on n'avait pas encore, à cette époque, reconnu, comme on l'a fait depuis, la puissance des engrais azotés, et les résultats de cette analyse restèrent lettre morte pour les chimistes, qui ne croyaient qu'à la science pure, aussi bien que pour les agriculteurs, qui lui étaient totalement étrangers.

Il fallut une réunion de circonstances particulières pour produire la révolution qui, depuis 1842, a renouvelé pour ainsi dire l'agriculture universelle.

II

M. Alexandre Cochet, de Saint-Saulge (Nièvre), chimiste, essayeur breveté par la commission des monnaies de Paris, était arrivé en 1822 à Buénos-Ayres : après y avoir fondé divers établissements, il avait traversé les Pampas et les Cordillères, examinant sur son chemin les minéraux et les végétaux de ce curieux pays, et recueillant des observations précieuses pour la science et pour l'industrie. Après ce long et pénible voyage, qui s'est prolongé jusqu'à la province de Moxos, de Chiquitos et d'une multitude d'autres contrées sur la rivière des Amazones, M. Cochet arriva à la Paz, capitale de Bolivie, et le 26 novembre 1829, il fut reçu par le grand maréchal Santa-Cruz, président de la confédération Pérou-Bolivienne auprès duquel il était recommandé par MM. les colonels Garçon et Alègre, ses anciens amis et compagnons d'armes dans la guerre de l'indépendance, et par M. le général Albiar, ex-président de la république de Buénos-Ayres.

Les divers échantillons de produits naturels que M. Cochet avait recueillis dans les forêts vierges de cette république, dont il fit hommage au président, en lui expliquant leur importance pour l'industrie et le commerce, furent tellement bien accueillis, que S. Ex. M. le président supplia M. Cochet de suspendre ses voyages et de s'établir dans son pays, en lui offrant sa protection et des garanties pour ses intérêts. (Ces titres sont en son pouvoir.)

Comptant sur cette protection, M. Cochet n'hésita pas

à fonder une fabrique de sulfate de quinine dans la province d'Appolobamba, où se produit le quinquina Calisaya. Dès que l'on vit les produits de sa fabrique, les négociants monopoleurs de l'exportation du quinquina s'alarmèrent, et malgré toutes les protections que le grand maréchal Santa-Cruz lui avait promises, sa fabrique fut anéantie par un de ses ministres, M. Lara, qui protégeait ce monopole. Obligé d'abandonner sa fabrique pour ne pas s'exposer à de plus grands malheurs, car sa vie n'était pas en sûreté, M. Cochet, sans perdre courage, en continuant ses recherches dans d'autres provinces, eut le bonheur de découvrir une mine d'argent à Salinas, dans le Cerro-Condorriquin, qu'il vendit à un riche mineur, M. Andres Almontes. Le produit de cette vente lui fit réparer les pertes qu'il avait essuyées dans sa fabrique de sulfate de quinine.

Il s'était établi, vers 1836, dans la province de Tarapaca (Pérou), où il avait fondé à grands frais une fabrique d'ammoniaque, de nitrate de potasse et de soude, utilisant ainsi, par des procédés inconnus dans le pays, des matières premières qui s'y rencontrent en abondance. Malheureusement, pour empêcher une concurrence, déloyale de s'emparer de son secret, il fut obligé de solliciter un brevet du gouvernement péruvien. Ce n'est pas ici le lieu de retracer toutes les vexations et toutes les lenteurs qu'il dut subir, soit de la part du gouvernement, soit de la part de la commission chargée d'examiner son procédé, car les brevets ne se délivrent au Pérou, à la différence de la France, qu'après examen.. Tantôt on promettait la délivrance pour une époque voisine qui n'arrivait jamais, tantôt on exigeait de M. Cochet qu'il se fît naturaliser Péruvien, tandis qu'il refusait avec énergie de renoncer à sa qualité de Français. Qu'il suffise de dire ici que, malgré les dispositions formelles des articles 169 et 170 de la constitution péruvienne, qui

garantissent sans aucune condition, des brevets aux auteurs de découvertes nouvelles, ou à ceux qui intro-
duisent des perfectionnements dans des industries déjà
connues, M. Cochet, malgré ses réclamations, ses Mé-
moires et l'appui d'une partie de la presse péruvienne,
ne put se faire délivrer le brevet par lui sollicité. Bien
plus, il fut obligé d'abandonner sa fabrique, car ceux
qui avaient en main l'exécution des lois ne le proté-
geaient plus, et de perdre ainsi un capital considérable
et une industrie fructueuse, qui retomba immédiatement
dans le néant d'où il l'avait tirée.

C'est à cette époque, et au moment où M. Cochet
cherchait des protecteurs parmi les personnes jouissant
de quelque influence, qu'il fit la connaissance d'un sieur
Achille Allier, homme remuant et habile qui, arrivé au
Pérou lors des désastres du premier empire français,
avait su se parer du prestige qui s'attachait à tout ce qui
avait approché l'Empereur, et qui avait ainsi, par des
moyens qu'il est inutile d'apprécier ici, un certain crédit.

Malgré certains bruits qui couraient sur M. Allier, et
que nous ne voulons pas rapporter, M. Cochet s'adressa à
lui comme à un compatriote, et en reçut des promesses
et des offres de service qui lui inspirèrent malheureusement une grande confiance. Bientôt des rapports d'affaires s'établirent entre eux, et M. Cochet, tout occupé de
ses expériences scientifiques, n'eut pas la prudence d'en
conserver le secret.

M. Cochet, obligé de renoncer momentanément à la
fabrication du nitrate de potasse et du sous-carbonate de
soude, avait étudié les propriétés du Guano; il n'avait
pas encore découvert ses qualités fécondantes, ou du
moins, il n'avait pas encore pu perfectionner par l'expé-
rience les divers modes d'application en usage au Pérou;
enfin, comme tout le monde, il ignorait encore le moyen
de s'en servir pour l'agriculture européenne; mais il

avait déjà été mis sur la voie de cette belle découverte par une autre qu'il venait de faire.

Frappé de la quantité considérable d'ammoniaque qui entrait dans la composition du Guano, il avait trouvé un procédé pour en extraire, à peu de frais, ce produit chimique si utile dans les arts et l'industrie, et il avait communiqué cette invention à M. Allier. Celui-ci se hâta d'en profiter, et, en 1839 et 1840, il expédia en Angleterre plusieurs navires chargés de Guano.

Le procédé fut trouvé excellent, et une baisse considérable se produisit dans le prix de l'ammoniaque, par suite de l'augmentation et du bon marché de la production. Aussi bientôt les magasins des négociants furent encombrés, et, en 1841, ce produit était tellement déprécié par son abondance, que les demandes de matières premières cessèrent tout d'un coup. On avait plus de Guano qu'il n'en fallait pour fabriquer de l'ammoniaque pendant de longues années; le Guano emplissait les magasins, et on ne savait à quoi l'employer. Le souvenir des expériences anciennes, où l'application à l'agriculture n'avait produit que des désastres, faute de connaître le dosage de cette substance, empêchait de la mettre à profit. C'est alors que l'on vit les consignataires jeter eux-mêmes à la Tamise le Guano des Docks, perdant ainsi par ignorance des quantités notables d'un engrais dont le prix n'allait pas tarder à leur être révélé.

Cependant M. Cochet, qui avait complété ses travaux sur le Guano, et qui pouvait maintenant pressentir l'extension qu'allait prendre l'exportation, sollicitait du gouvernement péruvien le privilége de l'exploitation; il s'adressait pour l'obtenir à celui qu'il croyait son ami, à M. Allier. Mais il ne tarda pas à être détrompé : à ce moment même M. Allier, associé secrètement avec un certain sieur Quiros, faisait solliciter par celui-ci le même privilége. Il n'en connaissait encore l'utilité que pour l'extraction de l'ammoniaque; aussi n'offrait-il au gouvernement péruvien, pour cette concession, qu'un fermage dérisoire en comparaison de la richesse encore inconnue des gisements; et le gouvernement péruvien lui-même ignorait si bien celle-ci, qu'il accéda à toutes les propositions qu'on lui fit au sujet d'une matière dont il ne savait comment tirer parti.

Les 10 novembre et 4 décembre 1840, concesssion fut faite à don Francisco Quiros, conformément à sa demande, de l'exploitation des îles guanières pour neuf ans, moyennant une somme de 60,000 piastres, payables : 38,500 en reconnaissances de l'hôtel de la Monnaie, 1,500 en argent, 10,000 au bout d'un an, et les 10,000 restant au bout de deux ans, à partir de la date du contrat. Ainsi, aucune limite n'était posée à l'exploitation. En neuf ans, Quiros et Allier pouvaient enlever tout le Guano des îles Chincha, et épuiser ainsi la source de revenus qui aujourd'hui rapporte le plus au gouvernement du Pérou; ils pouvaient s'approprier ainsi cette richesse immense qui, actuellement aménagée de manière à durer de longues années, rapporte tous les ans au Pérou 80 ou 100 millions; ils pouvaient l'enlever tout entière moyennant 300,000 francs, dont plus de la moitié en papier déprécié et sans valeur. Quelle preuve plus forte peut-on donner de l'ignorance où l'on était alors de l'utilité du Guano.

Ce n'est pas tout : peu de jours après ce traité passé, M. Allier rencontra M. Cochet, à l'égard duquel il continuait son rôle de protecteur et d'ami; il exprima toute la surprise, toute la stupeur qu'il avait éprouvée lorsqu'il avait lu dans le journal officiel qu'un *certain Quiros* avait affermé les îles guanières; il ne pouvait, disait-il, se consoler des chances de fortune que cet événement leur avait enlevées, à lui et à M. Cochet. Celui-ci répondit que tout n'était pas perdu, qu'il y avait aussi du Guano sur le

2

continent; il cita les péninsules de Lobos, du Morro ou
Pabellon, de Pica qui, non comprises dans la concession
de Quiros, pouvaient être l'objet de leur exploitation.
C'était un trait de lumière pour M. Allier; il se rendit en
toute hâte chez M Quiros, fit une nouvelle demande au
gouvernement, et le 17 décembre, sans augmentation de
prix, par une simple déclaration additionnelle au contrat, les plages guanifères du continent furent ajoutées à
la concession. On allait même jusqu'à interdire à qui que
ce fût de disposer de la plus petite quantité de Guano.
M. Cochet, d'un côté, contre les établissements chimiques duquel cette disposition était spécialement dirigée,
le gouvernement péruvien, de l'autre, étaient audacieu-
sement spoliés.

III

M. Cochet, pourtant, ne perdit pas courage, et le
18 février 1841 il adressa au conseil d'État du Pérou un
premier Mémoire relatant ces faits, et demandant l'annulation du traité passé avec Quiros et Allier. Malgré les
efforts et les intrigues de ceux-ci, ce Mémoire ouvrit les
yeux aux membres du Congrès, et cette assemblée ré-
duisit à un an la durée de la concession.

La lésion pour le gouvernement, moindre sans aucun
doute, était pourtant encore énorme, et si on ne l'avait
pas bien comprise, c'est que ni le conseil d'État, ni le
public n'étaient bien pénétrés des avantages considérables que devait produire l'exploitation du Guano. On
connaissait quelques-unes de ses propriétés chimiques;
on ignorait à peu près complétement, même au Pérou,
ses propriétés agricoles. Bien plus, on n'en connaissait
pas avec précision la nature et l'origine : beaucoup
croyaient, s'appuyant des conjectures de M. Humboldt (1),

(1) Voir le passage cité plus haut, page 4.

que le Guano était un minéral, un fossile résultant des
excréments d'une autre époque géologique, tout comme
les mines de charbon de terre, les faluns dont on se sert
en certains pays, ou les dépôts d'os d'animaux perdus,
qu'on exploite à cause du phosphate de chaux qu'ils con-
tiennent. Cette idée, répandue à dessein par Quiros et
Allier, semblait avoir pour conséquence la croyance à
l'immensité de couches de Guano presque inépuisables,
plongeant peut-être au-dessous du niveau de la mer, et
formant, avec des strates alluviales alternantes, une
partie de la croûte du globe terrestre. Peu importaient
donc quelques années d'exploitation : l'épaisseur, l'étendue des couches de Guano devaient défier, pendant de
longues années, l'extraction la plus considérable.

M. Cochet, dans une nouvelle brochure (Lima, 2 novembre 1841), s'appliqua à relever ces erreurs. Il montra
que les couches du Guano n'avaient pas l'épaisseur
énorme qu'on leur attribuait, qu'on rencontrait rarement
des dépôts dépassant 13 mètres, que les îles Chincha et
la presqu'île de Pabellon de Pica étaient les seuls endroits
où se trouvassent des quantités aussi considérables. Le
plus souvent le Guano ne forme qu'un enduit, une croûte
assez mince, excepté dans les endroits creux, dans les
fissures et les anfractuosités où il peut s'accumuler. Ce
ne sont point des couches minérales, mais le dépôt des
excréments de ces mêmes animaux qui habitent actuellement ces îles (genres ardea et phénicoptères). Dans
l'épaisseur du Guano, on rencontre, outre des grains de
sables amenés par le vent, des squelettes, des nids, des
œufs de ces mêmes oiseaux.

Dans cette brochure, M. Cochet expliquait les combinai-
sons qui s'y trouvent, et qui proviennent des matières or-
ganiques des poissons dont se nourrissent les oiseaux, dont
l'azote, se combinant avec l'hydrogène de l'eau de la mer,
forme la quantité d'ammoniaque qu'on peut en extraire.

Sans doute ces dépôts doivent remonter à une haute antiquité; cependant on peut expliquer le contraste apparent entre leur épaisseur et la mince couche qu'ont produite ces excréments depuis trois siècles, dans les endroits où on a pu en faire l'observation

Du temps des Incas, l'exploitation était conduite avec ordre et méthode. L'Inca Garcilaso de la Vega, fils d'un conquérant espagnol et d'une princesse indienne de race royale, dans ses Commentaires écrits en 1523, raconte que le gouvernement péruvien protégeait avec grand soin les oiseaux producteurs du Guano. La peine de mort était portée contre ceux qui, à l'époque de la ponte, débarquaient sur ces îles et cherchaient à effrayer les oiseaux, ou qui, à toute autre époque, en tuaient quelques-uns. Chaque île formait une province, divisée, si elle était trop étendue, en plusieurs arrondissements, dans chacun desquels était placé un inspecteur chargé de veiller à ce que les districts situés sur le littoral eussent une quantité d'engrais proportionnée à leurs besoins, et d'empêcher qu'un seul, au détriment de ses voisins, s'emparât de l'engrais précieux nécessaire à tous.

Au contraire, depuis l'invasion européenne, on aborde aux îles sans précaution; de nombreux matelots s'y répandent, effrayant et tuant les oiseaux, qui s'enfuient d'un lieu dont ils ne sont plus les paisibles possesseurs.

M. Cochet citait l'île Jésus, située à l'entrée de la baie de Cocotea, d'où l'on pouvait autrefois extraire au moins 5,000 fanègues de Guano par an, et qui, dans les hivers doux, donnait au moins 1,000 fanègues par mois, à cause de l'affluence des oiseaux, et qui, depuis qu'en 1821 les troupes espagnoles y ont campé, a vu partir définitivement tous ses habitants ailés. De même, l'île d'Iquique, autrefois couverte de Guano, n'en offre plus de traces. Dans d'autres endroits encore le Guano a disparu, et les oiseaux ayant été chassés, il ne s'en reforme plus, au grand préjudice du pays dont l'agriculture sera ruinée, le jour où il sera privé de cet engrais.

On ne pouvait donc pas compter, ajoutait M. Cochet, sur le renouvellement d'une richesse qu'une exploitation à outrance ne devait pas tarder à épuiser, et qu'il était urgent pour le pays de ménager avec soin; cela était d'autant plus indispensable que le Guano devait de plus en plus être apprécié, et que l'exploitation devait nécessairement prendre des proportions considérables. On pouvait, en effet, l'employer pour fabriquer à bon marché l'ammoniaque, si utile dans toutes sortes d'industries, et dont la consommation allait s'étendre en proportion de son bas prix.

Enfin, M. Cochet, à la fin de son travail, indiquait le résultat de ses expériences sur les avantages qu'on pouvait retirer du Guano pour l'agriculture; il rappelait que les terres stériles ou fatiguées produisent en proportion des engrais qu'elles reçoivent, et il donnait, dans des tableaux synoptiques, le calcul de la différence de produit entre les champs fumés avec du Guano et ceux laissés sans engrais. Il affirmait, d'après ses travaux personnels, que la fertilité des terres augmentait dans une proportion de quatorze kilos de maïs, pour un de Guano employé; il déduisait par conséquent qu'un chargement de Guano équivalait à quatorze chargements de maïs, et que celui-ci valant au moins une piastre le quintal, le Guano devait en valoir environ quatorze. Bien plus, après une belle récolte de maïs ou de pommes de terre obtenue avec du Guano, M. Cochet montrait qu'on pouvait encore obtenir, sans nouvelle addition d'engrais, une magnifique récolte de blé. Il désignait enfin la quantité de Guano nécessaire dans les différents terrains pour chaque espèce de grains. C'est ainsi que M. Cochet indiquait comme nécessaires, pour chaque groupe de tiges de maïs occupant un mètre carré de terrain, 56 grammes de Guano,

ce qui fait par hectare 560 kilos dans les terres complétement stériles, et une quantité proportionnellement
moindre dans des terrains déjà productifs par eux-
mêmes. C'est, à peu de chose près, la proportion qu'ont
établie les expériences faites en Europe depuis lors.

Il terminait en adjurant le gouvernement de veiller à
la conservation d'une richesse naturelle sans laquelle le
Pérou ne serait qu'un désert aride, et dont le contrat
obtenu par Quiros et Allier, par surprise, devait amener,
sans compensation aucune, la rapide dilapidation.

IV

Cette brochure fut pour le Pérou toute une révélation :
le conseil d'État reconnut la justesse et la vérité des as-
sertions de M. Cochet, et sur le rapport du ministre fiscal,
la concession faite au profit de Quiros et d'Allier fut an-
nulée comme ayant été frauduleusement obtenue au préjudice des vrais intérêts du pays, et contrairement aux
principes rigoureux de justice.

La sensation produite à l'Étranger par cette publica-
tion ne fut pas moindre. M. Cochet remit un grand nom-
bre d'exemplaires de sa brochure au consul général de
S. M. Britannique, M. Wilson, ainsi qu'au consul de
France pour les envoyer en Europe. D. Juan Haim, représentant de la puissante maison Gibbs, Crawley et Cᵉ,
de Londres, s'adressa à M. Cochet, qui dissipa ses derniers doutes sur l'importance du Guano comme engrais.
D. Miguel Winder, D. Pedro Candamo, MM. Montané et
Pommaroux et d'autres négociants encore, consultèrent
M. Cochet sur cet objet, et, convaincus de l'utilité agricole et industrielle du Guano, entamèrent des négocia-
tions avec le gouvernement. Pendant ce temps, et durant
l'année 1842, les agriculteurs anglais faisaient de nou-

velles expériences sur les bases déjà posées par M. Cochet; le gouvernement français ordonnait des épreuves
dans les fermes modèles.

Ce fut presque une révolution dans l'agriculture européenne : le prix du Guano monta d'une façon extraor-
dinaire ; on se disputait cette marchandise que l'année
précédente on jetait à la Tamise pour s'en débarrasser à
tout prix : et de la concession qu'Allier et Quiros avaient
obtenu pour 60,000 piastres, le commerce de Lima offrait
800,000 piastres, soit 4 millions de francs. Aujourd'hui
c'est 80 ou 100 millions par an que l'exploitation du
Guano rapporte au gouvernement péruvien.

V

M. Cochet, qui avait révélé une telle source de richesses à la république péruvienne et à l'agriculture
d'Europe, avait bien des titres à une récompense. On va
voir pourtant quelles difficultés il lui fallut encore sur-
monter pour faire reconnaître son droit; quant à en obtenir la satisfaction, il n'y est pas encore parvenu.

M. Achille Allier avait eu, avant l'annulation de son
contrat, une année entière, pendant laquelle il avait pu
l'exécuter sans autre déboursé que les 1,500 piastres
payées au gouvernement péruvien ; il avait pu réaliser des
bénéfices énormes au moyen de l'exploitation du Guano.
Il eut néanmoins l'audace de solliciter du Congrès péruvien une indemnité pour les pertes qu'il prétendait avoir
éprouvées, et une récompense pour avoir, disait-il, le
premier introduit en Angleterre l'usage du Guano.

Alors se ranima avec plus de violence la polémique
engagée depuis 1841. A force de réitérer ses réclamations, M. Allier finit par leur donner une certaine con-
sistance, et, vers le milieu de 1845, la commission pro-

posa de lui accorder une récompense consistant en 5,000 tonnes de Guano. De son côté, M. Cochet, par de nouvelles publications, montra que loin de rendre des services au pays, M. Allier avait cherché au contraire à s'en approprier les richesses, et la récompense qu'on proposait de lui accorder fut réduite à 4,000, à 3,000, enfin à 2,000 tonnes de Guano. M. Cochet fit encore un effort, et prouva que le véritable introducteur du Guano en Europe était non pas M. Allier, qui en ignorait les propriétés chimiques, mais lui-même, qui, à une époque où tous les Guanos envoyés en Angleterre étaient jetés dans la Tamise comme rebuts sans emploi possible, avait trouvé moyen d'en extraire l'ammoniaque et de l'appliquer à l'agriculture. A son tour, se basant sur l'art. 55, § 14 de la constitution péruvienne, il demanda comme récompense nationale la concession de 5,000 tonnes de Guano.

Le Congrès, enfin éclairé, accueillit cette demande, et le 30 septembre 1849 la commission des récompenses, dans un rapport rapide, indiquant les découvertes et les travaux de M. Cochet, concluait en ces termes :

« D'après cet exposé succinct, la commission donne son opinion sans éventualité, dans les termes suivants de son dispositif :

« Il est accordé à D. Alexandre Cochet les 5,000 tonnes » de Guano qu'il sollicite, en compensation de ses dé- » bours et comme prix de sa découverte, à la condition » qu'il fera connaître les autres propriétés qui augmen- » tent la valeur de cette substance.

» Pour cette découverte, et pour faire connaître le » procédé à l'aide duquel on peut convertir le nitrate de » soude en nitrate de potasse, il lui sera accordé d'autres » récompenses proportionnées aux avantages qu'il aura » procurés à la nation, le tout sous la garantie de la re- » présentation nationale; et, pour que la présente dé- » cision ait son plein et entier effet, elle sera transmise

» au pouvoir exécutif, avec autorisation de discuter et
» stipuler avec Cochet, la valeur des récompenses qui lui
» seront accordées, soit en Guano, soit en argent, soit
» en l'un et l'autre, après les preuves particulières qu'il
» aura préalablement données au gouvernement ou aux
» personnes qu'il aura commises à cet effet, afin que, la
» valeur des récompenses étant fixée, il rende publiques
» ses expériences.

» Ainsi décidé par la commission, d'après ses convic-
» tions, en se renfermant dans la plus stricte légalité,
» pour ne pas compromettre les intérêts de la nation.

» Fait dans la salle des séances, Lima, le 30 septembre
» 1849.

» *Ont signé* : Atanasio Macedo, Augustin Ratos, Tomas
» Ramis, Ambrosio Alègre, Manuel Cordero. »

Une condition était donc posée à la concession deman-
dée : M. Cochet devait communiquer ses découvertes
sur le Guano, consistant principalement dans ses procédés pour l'extraction de l'ammoniaque et pour la conversion en nitrate de potasse (salpêtre) du nitrate de
soude de Tarapaca. Pour ces découvertes, une récompense supplémentaire devait lui être décernée.

M. Cochet accepta cette condition en demandant cent
mille piastres pour supplément de récompense.

Enfin, malgré les retards apportés plus ou moins in-
tentionnellement aux preuves que M. Cochet devait donner de la réalité de son procédé, malgré la mauvaise foi
qui présida aux épreuves que devait subir le salpêtre
fabriqué par lui et la poudre qui en provenait, en 1851,
il avait rempli les conditions qui lui avaient été imposées,
et, le 24 novembre 1851, M. le ministre de la guerre
Torrico le reconnaissait dans une lettre adressée au se-
crétaire de la Chambre des Députés, par laquelle il déclarait que les résultats de la conversion promise par
M. Cochet, du nitrate de soude en nitrate de potasse,

avaient répondu aux espérances qu'il avait données; que
cette découverte avait été par lui importée au Pérou.
« Il est certain, ajoutait M. Torrico, que le nitrate de potasse provenant de cette conversion coûte moitié moins
que coûte presque toujours celui que nous achetons, et
cet avantage joint à la facilité et à la promptitude avec
laquelle se fait la conversion, mérite une récompense. Il
est certain aussi que la poudre fabriquée d'après cette
nouvelle méthode a eu des résultats, quant à sa portée,
si ce n'est meilleurs, du moins aussi bons que ceux qui
se sont obtenus jusqu'à ce jour d'après l'ancien sys-
tème. »

M. Torrico, il est vrai, déclarait ignorer encore si cette
poudre n'endommagerait pas les armes et ne se liquéfie-
rait pas à l'air; mais il suffit d'avoir la moindre teinture
de chimie pour savoir que le nitrate de potasse ou salpêtre est une combinaison chimique parfaitement définie,
qui n'admet jamais qu'une proportion identique entre les
éléments qui la composent, et par conséquent est toujours la même, quels que soient les moyens de prépa-
ration. La poudre préparée avec la conversion du nitrate
de soude est donc la même que celle préparée avec le
salpêtre obtenu par d'autres procédés.

Ainsi, M. Cochet avait accompli sa promesse, et il semblait qu'il ne restât plus qu'à lui donner les 5,000 tonnes
de Guano qu'on lui avait accordés et les 100,000 piastres
qu'il demandait pour sa nouvelle decouverte; mais loin
de là, à partir de ce moment il attendit inutilement. En
butte à la malveillance la plus prononcée, il fut obligé
peu à peu de fermer les établissemens qu'il avait cons-
truits, et il ne reçut aucune réponse aux pétitions et réclamations qu'il adressa au gouvernement.

En vain des citoyens notables lui témoignèrent leur
bienveillance et leur conviction de son bon droit; en
vain les consuls de France qui se succédèrent à Lima,

M. de Ratti Menton (1) et M. Huet, lui adressèrent-ils, soit verbalement, soit par des lettres qu'il a conservées, des exhortations à poursuivre l'exécution des promesses qui lui avaient été faites, et des assurances qu'ils emploieraient leur influence à lui faire rendre justice. M. Cochet, à bout de ressources, ayant consumé sa jeunesse et son intelligence à rendre d'immenses services à ce pays ingrat, fut obligé de retourner en France, pour attendre une solution qui lui donne pour ses vieux jours une aisance qu'il a bien gagnée, ou qui le fasse désespérer à jamais de la justice et de l'humanité.

VI

Dans ces derniers temps, cette solution a paru prochaine : une commission mixte avait été constituée à Lima pour examiner les réclamations des sujets français contre le gouvernement péruvien ; mais, en apprenant sa composition, M. Cochet n'a pu s'empêcher de protester contre la décision qu'elle était appelée à rendre.

En effet, parmi les membres Français, c'est-à-dire appelés à opposer leur juste bienveillance au mauvais vouloir éventuel des sujets Péruviens, figure au premier rang ce même M. Achille Allier, qui, depuis vingt ans, est l'antagoniste de M. Cochet, et ne peut ressentir que répulsion et haine contre celui qui a si ouvertement dévoilé ses intrigues.

Quelle impartialité peut-on attendre de cet homme,

(1) Extrait d'une lettre de M. Ratti-Menton à M. Cochet, du 31 mars 1855 :
« ... Je sais positivement, non-seulement par les documents officiels que vous m'avez présentés à Lima et que vous avez apportés avec vous en France, mais encore par les affirmations verbales et plusieurs fois répétées de M. le général Torrico, lorsqu'il était ministre général en 1851, que cette récompense vous était rigoureusement due, et que tôt ou tard vous l'obtiendrez.   » *Signé :* Comte DE RATTI-MENTON. »

qui a commencé par enlever frauduleusement à M. Cochet ses découvertes, qui a profité contre lui de tous ses travaux, de toutes ses idées scientifiques; qui lutte avec lui depuis assez longtemps pour avoir fait de cette lutte sa propre vie; qui a vu M. Cochet détruire ses plans de fourberies; qui a été arrêté par celui-ci dans ses tentatives pour obtenir la concession du Guano, dans ses demandes d'une récompense nationale; de cet homme qui, vaincu une première, une seconde fois, revient encore à la charge, et qui, ne pouvant plus se présenter lui-même, après avoir été repoussé par une décision irrévocable, pour enlever à M. Cochet une récompense méritée, va chercher partout des concurrents qu'il lui suscite.

C'est ainsi qu'il a été encourager les prétentions d'un nommé Baroilhet qu'on ne connaissait pas en 1841 et 1842, et qui maintenant prétend être le véritable auteur de la découverte du Guano; il lui a signé les certificats dont il se targue, et certes, si les règles du droit civil ont quelque application en droit international, M. Cochet pourra récuser comme juge celui qu'il pourrait récuser comme témoin, celui qui a délivré des certificats sur les objets en litige.

Dans la Commission figure encore M. Rey, représentant de la maison concessionnaire de la vente en France du Guano pour le compte du gouvernement péruvien. Quelle indépendance une pareille situation peut-elle permettre dans une affaire où le gouvernement péruvien est aussi directement intéressé? C'est ce qu'il est facile d'apprécier Il est évident que, soit par crainte de ce gouvernement, soit pour empêcher une concurrence à la maison à laquelle elle est attachée, cette personne sera tout naturellement portée à refuser justice à M. Cochet, et il est impossible que celui-ci accepte une décision que peuvent dicter, non plus le respect des droits particuliers, mais l'intérêt personnel ou la soif de la vengeance.

Du reste, la Commission mixte a-t-elle été saisie de la question de savoir si M. Cochet avait ou non des droits à exercer? M. Cochet ne l'a jamais cru. C'est le Congrès péruvien qui a fixé ces droits dans la décision prise par la Commission le 30 septembre 1849. C'est le pouvoir exécutif qui les a reconnus, lorsqu'il a présidé aux expériences faites par M. Cochet au sujet du nitrate de potasse : la proposition faite par la Commission à ce dernier a été acceptée par lui; le pouvoir exécutif est venu ajouter au contrat sa sanction, en constatant que les expériences avaient été satisfaisantes ; il y a convention formée par l'offre et l'acceptation, par la demande et la réponse, par la détermination de la chose et du prix. Rien n'est donc plus en suspens, et aucune décision nouvelle à laquelle ne souscrirait pas M. Cochet, ne peut le priver d'un droit dès longtemps acquis.

La Commission mixte avait une seule mission : de déterminer les moyens d'exécution. Sans doute, pour faciliter celle-ci, elle était autorisée à procéder par voie de transactions, à imposer des concessions, à accorder des délais, à concilier enfin, autant que possible, les prétentions du réclamant avec les facultés du débiteur; mais elle ne peut, statuant au fond, revenir sur le passé, détruire des consentements donnés, des constatations dont le bénéfice est acquis, car alors elle sortirait des limites de sa compétence, reviendrait en quelque sorte sur la chose jugée, comme un tribunal qui, saisi de l'exécution d'un contrat judiciaire ou extra-judiciaire, détruirait l'acte ou le jugement qu'il aurait chargé d'appliquer.

M. Cochet proteste donc contre les décisions qui seraient prises contrairement à ses droits par la Commission internationale; et, dans une question qui intéresse à la fois l'honneur et la fortune d'un citoyen français, la gloire et l'intérêt de la nation tout entière, il fait appel à l'équité et au patriotisme de tous ceux à qui leur position ou leurs affaires donneront lieu de s'occuper de la question.

VII

M. Cochet a rendu de grands services au gouvernement péruvien : il a provoqué l'annulation du contrat passé avec Quiros et Allier, qui anéantissait aux mains du gouvernement péruvien l'immense richesse que lui procure aujourd'hui l'exploitation du Guano, et la faisait passer en entier, moyennant un prix dérisoire, au pouvoir d'hommes de mauvaise foi.

Pour arriver à ce résultat, M. Cochet a lutté pendant longtemps ; il a écrit force articles, force brochures ; il a prodigué son intelligence et ses veilles ; il a provoqué contre lui des inimitiés qui ont causé la ruine de tous ses établissements, et qui, anéantissant toutes les espérances fondées qu'il avait de réaliser une fortune considérable, le réduisent aujourd'hui, de retour dans sa patrie, à une condition pénible et précaire. Une récompense lui est due, lui a été accordée, il ne s'agit plus que d'en assurer le payement.

Pour cela, M. Cochet s'adresse à la France, à l'Europe, et là encore il invoque les services qu'il a rendus : cette richesse agricole qui, depuis 1842, se dévelope en prairies magnifiques, en moissons splendides, c'est lui qui l'a révélée. Vainement on voudrait lui contester le mérite de sa découverte, la comparaison des dates prouve invinciblement qu'il en est l'auteur. Jusqu'en 1842, le Guano n'est pas employé en Europe pour l'agriculture. En 1841, on commence seulement à en faire de l'ammoniaque ; mais comme il afflue en quantité trop abondante, il se déprécie, et ne sachant qu'en faire, on le jette à la Tamise. Le 2 novembre 1841, M. Cochet publie une brochure et l'expédie en Europe ; en 1842, les essais se font partout, et partout réussissent. Au reste, quelle meilleure preuve peut-on donner du peu de valeur qu'avait le Guano, si ce n'est le contrat passé entre Allier et Quiros et le gouvernement péruvien, et la facilité avec laquelle celui-ci avait cédé à vil prix une exploitation si importante? C'est seulement après les brochures de M. Cochet, qu'on s'est aperçu de la valeur du Guano, parce que ces brochures en ont provoqué des demandes énormes de la part des agriculteurs européens enfin éclairés.

Il est vrai qu'un certain M. Baroilhet a prétendu, en 1855, avoir découvert le premier les propriétés du Guano; mais il suffit, pour apprécier ses réclamations, de constater l'année où elles se produisirent. Depuis 1842 M. Cochet avait publié ses brochures et M. Baroilhet n'avait pas donné signe de vie, quoiqu'il fût à Lima. M. Allier avait demandé une récompense que M. Cochet lui avait fait refuser et l'avait obtenue pour lui-même, et M. Baroilhet n'avait pas songé à se mettre sur les rangs. A la vérité, M. Baroilhet a présenté un certificat daté du 10 mai 1842, d'après lequel il se serait occupé de Guano depuis 1837. Mais quelles sont les principales signatures qui accompagnent ce document? Précisément celles de Quiros et d'Allier, les ennemis implacables de M. Cochet.

On peut juger quelle confiance méritent ces signatures, et quelle est la valeur de ce concurrent ainsi suscité après coup. Il y a plus : quelle vraisemblance y a-t-il qu'en 1842 ou depuis, jusqu'en 1849, Quiros et Allier, qui demandaient une récompense nationale, aient signé un certificat au profit d'un rival, reconnaissant ses droits à obtenir à leur détriment ce qu'ils sollicitaient eux-mêmes? — M. Cochet dénonce donc hautement l'antidate de ce document.

Il n'y a pas d'ailleurs à se préoccuper de cette prétendue rivalité. Jamais les prétentions de M. Baroilhet n'ont été appuyées d'aucune preuve. Où sont les travaux qu'il a publiés, les relations qu'il a pu avoir, les expériences qu'il a pu faire? Est-il chimiste, homme de science ou même agriculteur? A ces questions, on ne peut répondre qu'en rappelant la risée qu'il excita au Pérou par ses réclamations, et la manière moins que courtoise dont le gouvernement et les ministres crurent devoir l'accueillir. (Il a pris lui-même le soin de le constater dans un article du journal *el Comercio* du 13 janvier 1858.)

M. Cochet doit donc, sans concurrence ni contestations possibles, être reconnu l'inventeur des propriétés du Guano comme engrais, et celui qui les a fait connaître en Europe. Pour un si grand service rendu, pour un progrès si grand accompli par son aide dans la production des denrées de première nécessité, il ne demande que bien peu de chose : l'appui du gouvernement français pour faire accepter par le Pérou sa réclamation, si juste en elle-même. Lui qui, sollicité parfois d'oublier sa nationalité, a toujours conservé avec orgueil sa qualité de citoyen français, il s'adresse aujourd'hui à la mère patrie, pour qu'elle l'aide dans son infortune, au moyen de l'influence légitimement due à ses conseils. Il sollicite avec empressement la solution de ses réclamations, pour mettre à jour d'autres découvertes qu'il a faites, et dont sa pénurie l'empêche de faire éclater les résultats utiles à la France et à l'Europe. Il demande enfin qu'en accomplissant un acte de justice, qu'en refrénant l'ingratitude, on prouve encore une fois, en faisant respecter jusqu'en ces contrées lointaines le droit d'un simple particulier qui n'a d'autre titre que celui de Français, que le bras de la France peut s'étendre partout, et que toute résistance injuste s'incline et disparaît là où flotte son drapeau.

PARIS. — IMPRIMERIE ÉDOUARD BLOT, RUE SAINT-LOUIS, 46.